AF300967

Sigrid Quendler (Krimmer-Quendler)

Lebensmittelzusatzstoffe: Funktion, Nutzen & Anwendungsgebiet

GRIN Verlag

Bibliografische Information der Deutschen Nationalbibliothek:

Die Deutsche Bibliothek verzeichnet diese Publikation in der Deutschen National-
bibliografie; detaillierte bibliografische Daten sind im Internet über http://dnb.d-
nb.de/ abrufbar.

Impressum:

Copyright © 2002 GRIN Verlag GmbH
Druck und Bindung: Books on Demand GmbH, Norderstedt Germany
ISBN: 978-3-638-91531-1

Dieses Buch bei GRIN:

http://www.grin.com/de/e-book/29439/lebensmittelzusatzstoffe-funktion-nutzen-
anwendungsgebiet

LEBENSMITTELZUSATZSTOFFE

Funktion, Nutzen & Anwendungsgebiet

Quendler Sigrid

SS 2001

Inhaltsverzeichnis:

A) Lebensmittelzusatzstoffe
Funktion, Nutzen & Anwendungsgebiet
A.I. Einleitung

Jedes Individuum auf Erden hat bestimmte Grundbedürfnisse, die es befriedigen muss, um Leben können. Eines der Essentiellsten ist die Nahrungsaufnahme, ohne der das Leben natürlich nicht möglich wäre.

In der Zeit als der Mensch sich seine Nahrung noch erjagen oder sammeln musste, hatte er einen genauen Überblick darüber, was und in welchen Mengen des Erjagten und Gesammelten er zu sich nahm. Heute in der „modernen" Welt kennt der Mensch allerdings vielfach die Lebensmittel, die er sich beschafft nur mehr von Packungen, Lebensmittelbeschreibungen auf den diversen Packungen, aus der Werbung usw., weiß quasi zumeist nicht, was genau sich hinter, oder besser in, den verpackten Lebensmittel, außer dem Angepriesenen noch befindet. Zumeist ist dem Konsumenten nicht bekannt, dass er keine puren, sondern von der Industrie in vieler Weise bearbeiteten und mit Stoffen versetzten Lebensmittel vor sich habt, die vielfach nur deswegen DEN Geschmack, DIE Haltbarkeit und DIE spezielle Wirkung haben, weil es von ihm bevorzugt und der Industrie, die sich nach den Wünschen richtet, geschaffen wird. Die Industrie versucht mit allen erdenklichen Mittel dem Wunsch der Kunden nach speziellen Geschmack, Farbe, Haltbarkeit usw. nachzukommen und bedient sich dabei chemischer und physikalischer Methoden, um gewünschte Parameter auch erfüllen zu können.

Die „kleinen", aber wirksamen Helferlein der Lebensmittelindustrie sind diverse Lebensmittelzusatzstoffe, mit deren Hilfe früher angesprochene gewünschte Parameter erreicht werden. Natürlich ist auch mit besagten Zusatzstoffen eine unbeschränkte Haltbarkeit oder ein Über an natürlich wirkendem Erdbeergeschmack in Erdbeeren nicht möglich, aber der Bereich lässt sich zumindest enorm strecken!

I.1.) Was sind aber eigentlich Lebensmittelzusatzstoffe?

Genaugenommen sind dies alle die Stoffe, die nicht zu Lebensmittel oder regulären Lebensmittelzutaten gezählt werden können. Sie werden absichtlich, mittelbar oder unmittelbar, aus technologischen oder organoleptischen Gründen den Lebensmitteln beigefügt.

I.2.) Und warum werden sie zu den Lebensmitteln hinzugefügt?

Sie dienen der Verlängerung der Haltbarkeit für die Lagerung oder beeinflussen charakteristische Eigenschaften der Lebensmittel, wie Geschmack, Geruch und/oder Aussehen. Sie wirken oftmals hilfreich bei der Zubereitung und Verarbeitung des „Rohmaterialien zu kulinarischen Kunstwerken". Außerdem sind sie oftmals wichtig für die Konsistenz oder haben Wirkung auf die Konsistenzgebung der Lebensmittel, wie auch den Nährwert.

Kurz gesagt: Lebensmittelzusatzstoffe sollen der Erhaltung von Qualität und Frische dienen, den Genusswert vergrößern und die Bekömmlichkeit und Vielseitigkeit sichern helfen!

I.3.) Welche aber sind die Voraussetzungen für die gezielte Anwendung dieser Zusatzstoffe?

Zu allererst wird natürlich genaues Augenmerk auf die richtige Menge, also die Dosierung gelegt: Genug, dass gewünschte Wirkung eintritt, aber die hundertprozentige Unschädlichkeit dennoch gewährleistet wird! Außerdem sind die einzelnen Zusatzstoffe sehr lebensmittelspeziefisch –dazu aber später mehr! Die Reaktivität der Zusatzstoffe muß auch beachtet werden, denn dieselben sollen den natürlich Lebensmittelbestandteilen ja keine Schäden zufügen. Weiters wird vom Gesetzgeber verlangt, dass in die Lebensmittel verarbeitete Zusatzstoffe auf der Packung angeschrieben werden, damit der Konsument auf diesem Weg darüber informiert werden kann, welche nicht lebensmitteleigenen Stoffe sich in den LM befinden.

A.II. Aufstellung über die verschiedenen Lebensmittelzusatzstoff-Gruppen

Im engeren Sinn gibt es vier spezielle Gruppen von Zusatzstoffen:

   a) Stoffe mit Nähr- und diättechnischen Funktionen

   b) Stoffe mit stabilisierenden Funktionen

   c) Stoffe mit sensorischen Funktionen

   d) Verarbeitungs- und Handhabungshilfen

Ad II.a) Aufgaben dieser Zusatzstoff-Gruppe ist die Erhaltung bzw. Steigerung des Nährwertes und der Bekömmlichkeit von Nahrungsmitteln. Weiters sollen verschiedene physiologische Effekte und Wirkungen gesteigert werden, da die Konsumenten auf die regelmäßige Zufuhr der bestimmten Nahrungsmittel angewiesen sind. Ein wichtiger Punkt ist auch die Anreicherung der Nahrungsmittel mit den unterschiedlichen lebensnotwendigen Stoffen, die die Menschen ansonst in unzureichenden oder zu großen Mengen (z.B. Zucker) zu sich nehmen würden, beispielsweise Vitamine, Mineralstoffe, Aminosäuren, Zuckeraustauschstoffe, Kochsalzersatzstoffe, Ballaststoffe. Außerdem müssen für Menschen mit Lebensmittelallergien Alternativstoffe zu de Substanzen auf die sie allergisch reagieren gefunden und eingesetzt werden, um auch diesen Menschen eine geregelte und ausreichende Nährstoffzufuhr sichern zu können (z.B. bei Lactoseintoleranz, Glutenintoleranz..).

- <u>Vitamine</u>: Durch den Zusatz an Vitaminen in Form von Zusatzstoffen soll eine Bedarfsdeckung erreicht werden. Ein nicht zu verachtender Faktor ist allerdings der doch eindeutige Vitaminverlust bei falscher Zubereitung oder Lagerung vieler LM (=Lebensmittel), der durch die Revitaminisierung, Anreicherung und Standardisierung (= Ausgleich natürl. Schwankungen) ausgeglichen werden soll. Hauptsächlich Vit. A, D (Säuglingsnahrung, Milch), B1/2/6 (Backwaren, Getränke), C (Obst, Gemüse), E (7 verschiedene Strukturen, Wirksamkeit sehr abhängig von Konzentration).

- <u>Spurenelemente, Mineralstoffe</u>: Die Anreicherung mit denselben ist zwar nicht so bedeutend, wie die mit Vitaminen, aber dennoch von großem Nutzen für den Organismus. Hauptsächlich Jod (Kochsalz), Flour (zur Kariesverhütung).

- <u>Aminosäuren:</u> Essentielle AS (=Aminosäuren) können nur über die Nahrung aufgenommen werden und haben große biologische Wertigkeit. Hauptsächlich werden schon Futtermittel der zur Schlachtung bestimmten Tiere mit Lysin (Getreide) und Threonin (Roggen) angereichert, was sich natürl. in der biolog. Wertigkeit der von diesen Tieren stammenden Fleisch- und Milchprodukte niederschlägt.

- <u>Ballaststoffe und Füllmittel:</u> Diese sollen vorwiegend ein Sättigungsgefühl erzeugen, sind selbst aber sehr nährwertarm und für die Industrie kostspielig. Hauptsächlich Zellulosen- und Dextrosenzugabe.

<u>Ad II.b)</u> Die Aufgaben dieser Zusatzstoff-Gruppe sind die Haltbarmachung und Gewährleistung der Konsistenz zu ermöglichen. Grundsätzlich sollen diverse Abbauvorgänge (durch Bakterien oder mechanisch bedingt) mit Hilfe von Licht, O2, Wärme, H2O, Enzymen, Mikroorganismen usw. eingedämmt werden. Es handelt sich hierbei um Konservierungsmittel, Antioxidantien, Emulgatoren, Stabilisatoren, Verdickungsmittel und Geliermittel, die vor allem für verarbeitete und schon vorbereitete LM, sog. Convenience-Produkten, verwendet werden. Die Anforderungen an Antioxidantien sind allerding relativ hoch gesteckt: Natürlich dürfen sie auf keine Weise gesundheitsschädigend wirken, müssen in

kleinen Konzentrationen wirken, dürfen preislich nicht zu hoch liegen, müssen einfach zu handhaben sein, dürfen keinerlei Einfluss auf Geschmack, Farbe oder Geruch des LM haben und müssen temperaturbeständig sein.

- <u>Konservierungsmittel</u> wirken antiseptisch, antimykotisch und antitoxisch, haben mikrobiozide, also Mikroben abtötende, und mikrobiostatische, also Wachstumshemmende, Wirkung (gegen mikrobiellen Verderb -Hefen, Pilze, Bakterien- und Schutz vor Toxinen). Hauptsächlich Sorbinsäure, Benzoensäure, Milchsäure, Essigsäure (ändern auch Geschmack), NaCl, Saccharose (binden Wasser und wirken so als künstliche Trocknungsmittel), CO_2, Chlor, Ozon, Dikohlensäuremethylester (wirken antimikrobiell), Thiabendanol, Diphenyl (Fruchtbehandlungsstoffe, Zitrusfrüchte und Bananen).
- <u>Antioxidantien:</u> Luftsauerstoff führt beispielsweise zum Ranzigwerden von Fetten. Diesem Vorgang und auch dem Verderb von Wein und Kartoffeln, setzt die Industrie Stoffe, wie Vit. C, Sulfate, Ester der Gallensäure, BHT (=Butylhydroxy-Toluol), BHA (=Butylhydroxy-Anisol), usw. entgegen, die nebenbei auch eine prophylaktische Wirkung hinsichtlich einer Karzinombildung aufweisen.
- <u>Verdickungs- und Geliermittel</u> führen zu einer physikalischen Strukturänderung innerhalb der beimpften Lebensmittel. Der Geliervorgang bei Soßen, Cremen, usw. wird ebenfalls auf diese Weise verstärkt oder überhaupt erst ermöglicht. Hauptsächlich verwendet die Industrie Stärke, Zellulose, Gelatine, Pektin, Alginsäure, Johannisbrotkernmehl, Guar, Agar-Agar, Garageen, Trahaganth, Karayagummi und Gummi Arabicum. Sie wirken konsistenzgebend und beeinflussen den Verdauungs- und Resorptionsvorgang beim Menschen positiv. Diese Wirkung beruht auf der Struktur der Substanzen mit Verdickungs- und Geliermitteleffekt. Sie sind hochmolekular, können Wasser binden, bilden ein dreidimensionales Gerüst aus und bekommen so eine gelige Konsistenz.

Weiters gibt es noch sekundäre Antioxidantien, die der Regenerierung der primären Antioxidantien dienen und prooxidantisch wirkende Substanzen unwirksam machen sollen (v.a. Schwermetalle). Hierbei werden hauptsächlich Zitronensäure und ihre Salze (Chelatbildung mit Schwermetallen, emulgierende Eigenschaften, als Säuerungsmittel),

Weinsäure und ihre Salze, Phosphorsäure und ihre Salze, wie auch Lecithin, Milchsäure,
Derivate der Gallensäure (synthetische Herstellung), Ascorbinsäure (kann O2 abfangen,
Dehydroascorbinsäure), Schwefeldioxid und Schwefelsulfite verwendet.

- Emulgatoren: Es gibt zwei Typen von Emulgatoren, die in der
  Lebensmittelindustrie verwendet werden. Diese unterscheiden sich nur
  dadurch, ob zuerst die Wasserphase und dann die Ölphase gelegen ist, oder
  umgekehrt. Die durch die Bearbeitung entstehenden stabilen dispersen
  Suspensionen bestehen also aus Öltröpfchen und Wasser. Sie haben eine
  Oberflächenspannung, die die Verunreinigung der Produkte verhindern soll.
  Die Vertreter aus der Natur, die für diese Methode verwendet werden sind
  Lecithin (bevorzugt für Öle, Fette; gewonnen aus Soja-, Rapsöl, Eigelb; wirken
  antioxidativ), Fettsäure (Laurin, Palmitin, Linol, Linolensäure, usw.), Mono-
  und Diglyceride, Polyglycerinester (verhindern Kristallisation).

Ad II.c) Sensorische Zusatzstoffe: Bei diesen Stoffen handelt es sich vorwiegend um
Farbstoffe (Bleichmittel, Farbstabilisatoren), Geruchs- und Geschmacksstoffe, sowie
Geschmacksverstärker (Süßstoffe, Säuren, Salze, Bitterstoffe) und Konsistenzregler.
Die Industrie stellt sich in diesem Fall bevorzugt auf den „Appetit-Bedarf" der Konsumenten
ein, der wiederum vom Verlangen der Konsumenten nach LM mit einem speziellen
Wahrnehmungsmuster gesteuert wird. In diese Sparte fallen jene Lebensmittel, deren
ursprünglicher Zustand an Farbe, Geruch und Geschmack durch Zusatzstoffe hergestellt
werden soll, da man ja sowieso „mit dem Auge mitisst"!

- LM-Farbstoffe: Diese haben natürlich vielfach eine physiologische Wirkung -
  denn wenn das Lebensmittel von Äußen gut aussieht, wird es eher gekauft!
  Das Lebensmittelfärben wurde erstmals im Altertum mit Blättern und Blüten
  (Safran, Indigo) praktiziert, weitergeführt im Mittelalter mit Mineralfarbstoffen
  (Ultramarin, rote Rüben, Henna) und lieferte den Menschen im 19. und
  20.Jahrhundert die Grundprinzipien des Färbens von Textilien und natürlich
  auch Lebensmitteln. Heutzutage erscheint die „kräftige" Farbe von LM als
  Indikator für Frische und Qualität (,was die Lebensmittelindustrie natürlich für
  sich zu verwenden weiß!). Farben locken nun mal den Käufer an! Farbstoffe
  von anorganischer, organische, natürlicher und synthetischer Art werden
  gleichsam zum Färben von Lebensmitteln verwendet (selbst färbende LM,

natürl. Farbstoffe extrahiert aus LM, unlösliche anorganische Pigmente). Da
jedoch natürliche Farbstoffe oft schnell verderben, wird in der LM-Industrie
die Verwendung von synthetisch hergestellten Farbstoffen bevorzugt. Der
Gesetzgeber gibt allerdings auch hierbei genaue Regeln an, die eine bewusste
Täuschung des Konsumenten vermeiden sollen. Hauptsächlich werden
Carotenoide (in Paprika, Gemüse, Bixin = oranger Farbstoff), Anthocyane
(=Flavonfarbstoff, Malvidin), Chlorophylle, Cochenille, Curcumin, Riboflavin
(=B2, gelb, grün, wasserlöslich, stabil gegenüber Licht und Temperatur).

- <u>Synthetische LM-Farbstoffe</u>: Diese Gewährleisten zumeist relative Reinheit
  und gleichbleibende Qualität, sind mischbar und haben so ein weiter gestreutes
  Farbspektrum, sind billiger und standardisierbar und liefern nebenbei eine
  große Farbbrillianz. Sehr beliebt hierbei sind diverse Azofarbstoff
  (wasserlöslich, rasch vom Organismus ausgeschieden, aber möglicherweise
  kanzerogen, ferrologen oder mutagen, wenn sie in zu hoher Konzentration
  verwendet werden), wie Brilliantschwarz, Chochenille, Erythrosin, Gelb-
  orange, oder Triphenylmethylfarbstoffe oder Indigofarbstoffe.

- <u>Anorganische Farbstoffe</u>: Sind selbst wasserunlösliche Substanzen und
  werden hauptsächlich für die Oberflächenfärbung verwendet (Silber, Gold,
  Tierkohle). Toxikologisch ist diese Farbstoff-Gruppe am besten getestet,
  wodurch auch die kanzerogene Wirkung der fettlöslichen, künstlichen
  Farbstoffe erkannt wurde, weshalb diese auch verboten sind. Eingesetzt
  werden die wasserlöslichen, künstlichen Farbstoffe, die vom Organismus nach
  kurzer Zeit wieder ausgeschieden werden.

Farbstoffe dienen der Industrie neben der Verstärkung des Farbeffektes auch zur Korrektur
und Verbesserung der Farben in LM. Beispielsweise werden sie zum Bleichen von LM
eingesetzt (, was EU-weit allerdings nicht in allen Ländern erlaubt ist!) Dazu werden
vorwiegend schwefelige Säure, alle ihre Verbindungen und Salze (natürlich in sehr
verdünnter Form!) verwendet, welche Verfärbungen von Trockenobst und Verderb von
Fleisch vorbeugen sollen, weiters Nitrate, Nitrite, aktives Ozon (welche wiederum in
Österreich verboten ist!), Persulfat (für Mehl) und Wasserstoffpersulfat. Weitere Bleichmittel
für Mehl sind aktives Chlor, Chlorgas und Hypochlorite, welche ebenfalls in Österreich nicht
erlaubt sind.

- <u>Süßungsmittel</u>: Konservierende Wirkung haben neben natürlichen
  Süßungsmitteln, wie Zucker, Saccharose, Glucose, Fructose (haben große

Bedeutung in der Industrie), Zuckeralkohole (verwendet bei Krankheiten), auch künstliche Süßstoffe und Zuckeraustauschstoffe. Wobei die Süßkraft von Saccharose (unter den Genannten) die stärkste ist (gewonnen aus der Zuckerrübe, Bestandteil unseres Rübenzuckers). Zuckeralkohole hingegen haben eine laxierende Wirkung, sind antikarzinogen, temperaturstabil und insulinunabhängig metabolisierbar (Sorbit, Xylit, Mannit, Isomalt, Lactit, Maltit). Neben der Süßkraft haben Süßstoffe allerdings keinerlei technische Funktionen. Saccharin (500-600x süßer als Saccharose) ist der älteste bekannte Süßstoff. Er wurde 1879 zufällig entdeckt. Er hat allerdings einen metallisch, bitteren Beigeschmack und wird daher am ehesten in Kombination mit anderen Süßstoffen angewendet. Cyclamat (30-35x süßer als S.) ist ebenfalls schon sehr lange bekannt, wird normalerweise von der Industrie aber abgelehnt oder nur im geringen Maß verwendet, da er selbst zwar nicht kanzerogen ist, aber eventuell Cokanzerogene für andere kanzerogene Substanzen bereitstellt und Chromosomenbrüche herbeiführen kann. Andere bekannte Süßstoffe sind noch Aspertam und Acesulfam (beide 200x süßer als S.).

- Andere Süßstoffe werden aus pflanzlichen Rohstoffen produziert. Oft verwendet werden hierbei Thaumatin, das aus einer westafrikanischen Pflanze gewonnen wird und ca.2500x stärker süßt als Saccharose, weiters Steviosid (100-300x süßer als S.), Glycyrrhizin (50x süßer als S.), Vanillin (1800x süßer als S., als Backzusatz verwendet), Phyllodulcin (200-300x süßer als S.), Hernandulcin (100x süßer als S.) und Miraculin (2000x süßer als S., hat einen geschmackverändernden Effekt).

- Säuerungsmittel und Regulatoren: Zumeist handelt es sich bei diesen um sog. Genusssäuren, wie Essigsäure, Weinsäure, Zitronensäure und Milchsäure, und die dazugehörigen Salze. Der Säuregrad der verschiedenen LM wird wiederum über Säureregulatoren geregelt und ist gesetzlich festgelegt. Ist ein LM zu sauer, müssen Alkalizugaben getätigt werden, ist es zu basisch, wird Säure zugegeben. Als Säureregulatoren gelten diverse Phosphate (in Verbindung mit Kalium oder Stickstoff) und Salze der Schwefelsäure.

- Geschmacksverstärker: Geschmacksverstärker (Glutamate, Guanylate, Inositate) sind selbst geschmacklos, verstärken aber den natürlichen Geschmack anderer LM-Inhaltsstoffe.

- Feuchthalte- und <u>Überzugsmittel</u>: Als Feuchthaltemittel finden in der Industrie vorwiegend Zuckeralkohole Verwendung. Überzugsmittel dienen dem Oberflächenschutz vor Austrocknung und Aromaverlust. Die Industrie bedient sich hierbei vor allem Wachsen und Harzen, die warm, im zähflüssigen Zustand aufgetragen werden und nach Erkalten eine elastische Oberfläche bilden. Häufig finden diese bei Zitrusfrüchten, Zuckerwaren, Käse- und Wurstwaren Verwendung.

<u>Ad II.d)</u>Verarbeitungs- und Handhabungshilfen: Diese Gruppe von Zusatzstoffen wird, wie der Name schon sagt zur Erleichterung der Handhabung verschiedener LM zugesetzt. Beispielsweise sollen das Verkochen und Zubereiten wesentlich vereinfacht und der Aufwand desselben verringert werden. Gruppenzugehörige Stoffe sind Trennmittel und Antiklumpmittel.

- <u>Trennmittel</u>: Sie sollen das lästige Ankleben der zubereiten Speisen an Formen oder Bleche und das verklumpen von Salzen oder einzelnen LM-Bestandteilen untereinander verhindern und die „Rieselfähigkeit" der in trockener Form vorhandenen Lebensmittel erhalten. Mineralöle, wie Paraffin für Fleischwaren, Eier oder Rosinen, und Wachse, wie natürliche Bienenwachs und synthetische Benzoenharze und Mikrokristallisationswachse für Obst, zählen zu dieser Gruppe.
- <u>Antiklumpmittel</u>: Sie sollen genauso die Rieselfähigkeit von Pulvern und Gewürzen gewährleisten. Es handelt sich hierbei um anorganische, schwer lösliche Substanzen, wie Magnesium-Oxide, Carbonate, Phosphate und verschiedene Silikate.

<u>A.III) Nachwort</u>

Lebensmittelzusatzstoffe sind in der heutigen Zeit unabdingbare und vielfach notwendige Bestandteile unserer Nahrungs- und Lebensmittel. Sie sollten nicht als lästige Mehrzusätze oder unnötige „Spielereien" der Lebensmittelindustrie betrachtet werden, denn was wäre, wenn die Milch im Kühlschrank schon nach eineinhalb Tagen verdorben, das Brot in der allerbesten Brotdose nach 3 Tage steinhart wäre? Was wäre die beste Köchin ohne ihre kleinen „Helferlein", wie dem Geliermittel oder der Gewürzmischung (die man doch solange zuhause lagern kann)? Und wie oft würde man verzweifeln, weil das Mehl, der Zucker und

Grieß schon wieder faustgroße Klumpen bildet, nur weil ein wenig Feuchtigkeit sich eingeschlichen hat? Realität ist, dass man nicht mehr bemerkt, wo und wann die Nahrungsmittelindustrie ihre Finger im Spiel hat, weil man nun mal gewohnt ist, dass Äpfel aus dem Supermarkt groß und farbspeziefisch sind, Fertigprodukte einen speziellen Geschmack aufweisen, Brot, auch verpackt, riecht, wie es riechen soll, Pudding sofort geliert und nicht zu Vanillesauce wird und die Diät nun mal funktioniert, weil man den überflüssigen Zucker ja durch Süßstoffe ersetzen kann. Freilich ist der regelmäßige Blick auf die Packung der Lebensmittel, die man so bevorzugt, gerechtfertigt und angebracht, schließlich sitzen etliche Politiker stundenlang über etlichen Gesetzen, um zu gewährleisten, dass die Konsumenten auch die Informationen durch die Packungsbeschreibungen bekommen, die sie benötigen und haben wollen um sich keinesfalls übergangen zu fühlen. Ebenso richtet sich die Lebensmittelindustrie nach den Wünschen der Käufer, denn gewollt und schlussendlich gekauft werden die Produkte die optisch gelungen, wohlriechend und bequem sind. Wer hat heutzutage schon unnötige Zeit zu verschwenden, weil 20 verschiedene Gewürze in die Speisen eingebracht werden müssen, um den gewollten Geschmack zu erzielen, wenn es doch Gewürzmischungen gibt, oder, weil man verzweifelt die Klumpen im Mehl zu zerdrücken versucht, oder weil der Pudding nicht und nicht gelieren will?

Im Großen und Ganzen ist den Nahrungsmittelzusatzstoffen wenig entgegenzusetzen, sie erleichtern das Lagern, Verarbeiten und auch das Auswählen der Nahrung ungemein und bieten dem Konsumenten den Komfort, so wenig Zeit wie möglich bei den einzelnen Prozessschritten aufwenden zu müssen. Natürlich ist der Bioapfel zumeist geschmackvoller, als der aus dem Kaufhaus, und die Bauernmilch eiweißreicher, als die aus dem Tetrapack, aber hätte jedermann und -frau die Zeit, das Geld und die Energie sich alles tagtäglich frisch vom Bauern zu besorgen, dann wäre die industrielle Einbringung von Nahrungsmittelzusatzstoffen sowieso unnötig und von Anfang an gescheitert. Aber sie ist nun mal präsent, immer, wenn es um das Essen geht, und man sollte schon beachten, was man an ihr hat und was sie uns bringt.

B) Konservierungsmethoden

1) Tiefkühlen von Lebensmittel

Kühlen: ca. 0°C, Tiefkühlen: ca. −18°C =0° F

Lange bekanntes Verfahren, langsame Senkung der Temperatur um 8-10°C verlängert die Haltbarkeit um das Doppelte

verschiedene LM haben verschiedene Temperaturansprüche:

- Gemüse -2-+12°C
- Salat -1°C
- Äpfel, Birnen 4°C
- Melonen 8-10°C
- Paprika 10-12°C

Gemüsesorten einzeln oder verpackt lagern, Verluste von Vitaminen, Mineralstoffen, Enzyme behalten jedoch Aktivität;

Durch Gefrieren wird Mikroorganismen die Grundlage zum Überleben entzogen

2) Blanchieren

Kurzzeitige Hitzebehandlung in Flüssigkeit, Enzyme werden inaktiv, Mikroorganismen werden durch die Bewegung des Gutes im Wasser abgewaschen und getötet (oberflächlich), Pflanzenteile werden schlaff, was allerdings Verpackungs- und Lagerraum sparen hilft, Heißwasser- oder Dampfblanchieren,

eventuell dem Blanchierwasser Salz oder Ascorbinsäure zufügen (soll Vitamine im Gut halten);

3) Trocknen

Wasserentzug unter kontrollierten Bedingungen bis zum speziellen Endprodukt, geeignet für Getreide, Fleisch, Fisch, Eier, Obst, Gemüse;

Verderb wird vorgebeugt, Mikroorganismen wird Lebensgrundlage genommen,

auch flüssige Güter, wie Kaffee, Milch Obstsäfte sind trockenbar,

Trocknung beeinflusst durch Temperatur, Geschwindigkeit, Luftfeuchtigkeit, Wärmezufuhr, Luftdruckverminderung,

Geräte: Brand-, Kanaltrockner, Darre, Tellertrockner, Wirbelschichttrockner;

4) <u>Konservieren durch Essigsäure und Milchsäure</u>

Altes Verfahren, Haushaltsessig: 5-10% Essigsäure, Essigessenz: bis 80% Essigsäure,

Rohstoffe: Wein, Obstmost, Bier, Mals oder künstl. Herstellung,

streng aerober Vorgang im Tropftürmer, Senkung des pH-Wertes, Keime werden abgetötet,

Essigsäure genutzt für: Fettemulsionen, Fleisch, Fisch, Gemüse, Obst

Milchsäure genutzt für: Sauerkraut, Salzgurken, Käse, Oliven, tier. Produkte

5) <u>Räuchern</u>

= gezielt Verschwelung von naturbelassenem Holz

Kalträucher: Zimmertemperatur, Warmräuchern: 45°C, Heißräuchern: 75-100°C

je heißer, umso gefährlicher Rauchinhaltsstoffe, Zufuhr der Luft steuerbar, Rauch enthält über

300 definiert Inhaltsstoffe, auch gefährliche (Benzpyren: kanzerogen), eher geschmacklich

wichtig, als zeitgemäße Haltbarmachung, traditionell, aber toxikologisch bedenklich,

vorwiegend für Fleisch (Speck, Geselchtes, Schinken, Würste) und Käse, Fisch (Bückling,

Makrele, Lachs, Aal, Schillerlocken vom Dornhai);

<u>C) Exkursionen</u>
1) <u>Kaffeerösterei Sachers – Oeyenhausen (8. Juni 2001)</u>

- Information über den Kaffeeabbau:
  Kaffee wächst in Äquatornähe, in 0-2000m Höhe, Je höher, desto mehr
  Schädlinge, benötigt heißes, feuchtes Klima,
  2 Kaffeearten: Arabicas (Hochlandkaffee, über 1000m) und Robustas
  (Tieflandkaffee)
  Kaffee wuchs ursprünglich auf Bäumen, wegen hoher Produktion zu
  Sträuchern kultiviert, wächst als Kirsche, getrocknet, Fruchtfleisch nicht
  verwendet, 2 Bohnen pro Kirsche, 60 Säcke = 200.000-250.000 Bohnen,
  gehandelt auf New Yorker Kaffee-Börse, Herkunftsland und Qualitätsklassen
  außen auf Säcke aufgedruckt,

Kaffee über Magnetband entstaubt, gesiebt, sortenrein gelagert, Mischung aus
5-15 Sorten, Einzelmischungen haben unangenehmen Geschmack,

- Röstung: Kaffee enthält Coffein und Gerbsäure, die beim Rösten
verschwindet, dann sortiert in Sortiermaschine, in 1kg-Säcke abgefüllt,
eingeschweißt Gemahlener Kaffee in Papiersäcke verpackt, damit Gargase
entweichen können, erst dann abgepackt und verschweißt, händisch

- Röstanlage: 15 Zellen, bis 230°C für 10 min, Volumen der Bohnen wird
größer, Oberfläche wird porös, Wasser entweicht, Silberhäutchen wird
abgesprengt, Wasser am Ende des Röstvorgangs eingesprengt, in 3 min auf
Handwärme abgekühlt, Silberhäutchen dient weiters als Dünger =reine
Zellulose,

- 2. Röstverfahren: Wirbelstromverfahren, heiße Luft in Röster, Kaffeebohnen
wirbeln herum, seltenes Verfahren,

- Lagerung: fertiger Kaffee wird verdampft, Kaffeepulver bleibt übrig, oder:
Kaffeewasser tieffrieren und zerbröckeln,

- Aufbewahrung: lösl. Kaffee in verschlossenen Gefäßen, frischer Kaffee im
Kühlschrank, licht- und sauerstoffgeschützt

- Kaffeetest immer lauwarm, Kaffee soll bitter sein, sauer schmecken!

2) <u>Fleischerei Trünkel (11. Juni 2001)</u>

- 40t Wurst, 15t Selchfleisch, 20t Fleisch pro Tag erzeugt
Familienbetrieb, Fleischtheken uns Selbstbedienungstheken dienen dem
Verkauf, Schwein- und Rindfleisch produziert, Pute, Geflügel werden auch
verkauft (nicht produziert), Küchenprodukte,

- 70 Schweine täglich verarbeitet, Teilstücke, keine Knochen

- Warenübernahme: Kontrolle von Gewicht, Qualität, pH-Wert, Säuregehalt,
Schlachtzustand

- Zerlegung: Schlegel, Schinken abtrennen, 99% der Tier aus Österreich,
Kalbsteile aus Holland, Ausbeutekontrolle, Förderbänder,

- Abfälle: eigener Kühlraum für Gewürze, Maschinen (Bänder), Stelzen in
Salzlake gelagert,
Räuchern, Wurstproduktion nach Qualität

- Kälber: Schweinemischer und emulgieren, 250kg pro Maschine, Eis und Salz dazugemischt
- Därme für Wurstproduktion: Schafdärme
- Kochen des Fleisches
- Räucherkammer unter Abluft

  Dauerwürste brauchen 10°C Lagerungstemperatur,

- Verpackung, Zerlegen, Füllen verläuft händisch,
- Endkontrolle, Transport

  Reinigung und Desinfektion erfolgt in getrennten Schritten, 1x wöchentlich, strenge EU-Richtlinien für Fleischverarbeitende Betriebe: Hygieneberater, Tierärzte, amtl. Kontrollen (vierteljährig), EU-Kontrollen;

3) <u>QLab -AMA AUSTRIA (11. Juni 2001)</u>

Teil der Agrarmarkt Austria, AMA gegründet vor EU-Beitritt

- Funktionen der Ama:
  1) Landwirtschaftliche Förderungen, Schutz der Österreichischen LW
  2) Marktordnung, Import, Export
  3) Agrarmarketing, Werbung „Gütesiegel", für Deutschland, Italien (=Auslandsmärkte), Österreich (=Inlandsmakt)

Qlab ist ein Dienstleister der LM-Wirtschaft, 22 Mitarbeiter in Bereichen:

- LM-Mikrobiologie (LM-Sicherheit: mikrobiolog. Sicherheit, Rückstandsanalytik, Rückstansuntersuchungen)
- Chemie
- Chromatographie
- Sensorikprüfungen (Qualitätsprüfungen)

Früher war Qlab die Zentralabteilung des Milchprüfungsfonds, ab 1997 neues Spektrum;

Partner in Deutschland, Schweiz.., die sich gegenseitig unterstützen;

Kunden des Qlab: Milchwirtschaft, LM-Handel, Hofer, Billa..

Akagrediertes, zertifiziertes LM-Labor

4) <u>**Bäckerei Ströck** (12. Juni 2001)</u>

1970 in Wien gegründet, 1980 Übernahme der Brüder in Eigenverantwortung, Ankauf
weiterer Liegenschaften, 1991 Eröffnung der ersten Filiale, 680 Mitarbeiter, davon 291 in
Produktion, 59 Lehrlinge derzeit ausgebildet, 31 Eigenfilialen in Betrieb;
Herstellen von Bio-Broten, höchste Getreidequalität, wertvolle LM-Inhaltsstoffe, wie
Vitamine, Mineralstoffe, Eiweiß.. , Rohstoffe aus biolog. Landbau;
Ströck beliefert täglich 530 Verkaufsstellen, über 40 LKWs im Einsatz

- Verbrauche, täglich: 32t Mehl- 12% davon in Biobäckerei, 38 verschiedene
  Brotsorten werden produziert, 480 verschiedene Artikel,
- Konditorei, Bäckerei: 5,5 Mio. Eier, 210t Zucker, 110t Butter, 75t
  Sonnenblumenkerne, 65t Walnüsse..
- Küchenbereich: 35t Salate, 45t Wurstwaren, 35t Tomaten, 14t Käse...

Die Gesamtkühlhausfläche beträgt ca. 1600 m², bei den Öfen beläut es sich auf 748m².

5) <u>**Club Menü Service** (22. Juni 2001)</u>

System "Cook and Chill", frisch gemacht, heiß verpackt (~75°C), verschweißt,
schockgefroren, abkühlen auf 1-2°C, hoher Anteil an Nährstoffen bleibt erhalten, nach
Kühlen in Styroporkatons verpackt und schnellstens zum Kunden geliefert;

- 20.000-23.000 Menüs pro Tag: geliefert an Volksschulen, Kindergärten, Essen
  auf Rädern,
  Betriebsrestaurants,.. abgestimmt auf jeweilige Zielgruppe, ausgewogen
  Angebot;
  Speisepläne werden besprochen: Schulleiter, Schulärzte, Gremien, monatliche
  Meetings
- „5er-Regel": Speiseplan, 12 Wochen keine Wiederholung der Speisen, 1x
  wöchentlich Fleisch und 2 Beilagen, Gemüsemahlzeit, Kohlenhydratbetonung,
  Fisch, Mehlspeisen, 2x wöchentlich Suppe, Milchprodukte, Obst, Nachspeisen,
  außerdem Jause, andere Menülinien z.B. fleischlos, ohne Schweinefleisch,
  Schonkost, Diabetiker,...
- Nährwerte werden angeschrieben, nach Bundeslehrschlüssel berechnet,
  Menüs zu Wahl: fleischlos oder mit Fleisch, Normal-, Schon-, Diabetiker- und
  vegetarische Kost;

Preislich abgestimmte Gerichte, auch kalte Mahlzeiten,

- ISO-zertifiziertes Unternehmen, Qualitätsmanagementbereich, HACCP-Konzept,

  2x jährlich Revision, freiwillige Proben zu bakteriellen Untersuchungen, Veterinärmediziner kommen regelmäßig, 2x jährlich Untersuchungen des Veterinäramtes

  Lager- und Kühlräume durch PC-System kontrolliert, Dokumentationssystem, Verkostungen dokumentiert,

- Biomenüs schwer durchsetzbar, teurer, Garantie für Bioprodukte bei großen Mengen unmöglich, Teil der Produktion spezialisiert auf Convenience Produkte

Quellenangaben

- Lindner, E.: Toxikologie der Nahrungsmittel, Georg Thieme Verlag, Stuttgart-New York, 4. Auflage, 1990.

- Loitzl, G., Elmadfa, I., Das Konzept der substanziellen Äquivalenz bei der ernährungsspeziefischen Sicherheitsbeurteilung neuartiger LM, Ernährung/ Nutrition 22, 1998.

- Elmadfa, I., Leitzmann, C., Ernährung des Menschen, Wilhelm Fink Verlag München, 3. Auflage, 1988.

- Olson, J.A., Shike, M., Modern Nutrition in health and disease. Lea & Febiger, Philadelphia –Baltimor –Hongkong –London –München –Sydney – Tokyo, 8th ed., 1994.

- Watzl, B., Leitzmann C., Bioaktive Substanzen in Lebensmitteln, Hippokrates, Stuttgart 1995.

- Halliwell, B., Antioxidants in human health and disease. Ann. Rev. Nutr. 16, 1996.